N° d'ordre : 64.

FACULTÉ DES SCIENCES DE L'UNIVERSITE DE PARIS

CONTRIBUTION A L'ÉTUDE PHYTOGÉOGRAPHIQUE DU MASSIF ALPIN

MÉMOIRE

PRÉSENTÉ A LA FACULTÉ DES SCIENCES DE PARIS

POUR L'OBTENTION DU

DIPLÔME D'ÉTUDES SUPÉRIEURES

PAR

M. Léon MARRET

Jury { MM. Gaston BONNIER, *Président*
MOLLIARD
DUBARD

N° d'ordre : 64.

FACULTÉ DES SCIENCES DE L'UNIVERSITÉ DE PARIS

CONTRIBUTION A L'ÉTUDE PHYTOGÉOGRAPHIQUE DU MASSIF ALPIN

MÉMOIRE

PRÉSENTÉ A LA FACULTÉ DES SCIENCES DE PARIS

POUR L'OBTENTION DU

DIPLÔME D'ÉTUDES SUPÉRIEURES

PAR

M. Léon MARRET

Jury MM. Gaston BONNIER, *Président*
MOLLIARD
DUBARD

FACULTÉ DES SCIENCES DE L'UNIVERSITÉ DE PARIS

	MM.	
Doyen	P. APPELL, Professeur	Mécanique rationnelle
Doyen honoraire.	G. DARBOUX	Géométrie supérieure.
Prof. honoraires.	L. TROOST.	
	Ch. WOLF.	
	J. RIBAN.	
Professeurs	LIPPMANN	Physique.
	BOUTY.	Physique.
	BOUSSINESQ	Physique mathématique et Calcul des probalités.
	PICARD	Analyse supérieure et Algèbre supérieure.
	H. POINCARÉ	Astronomie mathématique et Mécanique céleste.
	Y. DELAGE.	Zoologie, Anatomie, Physiologie comparée.
	G. BONNIER	Botanique.
	DASTRE	Physiologie.
	KŒNIGS	Mécanique physique et expérimentale.
	VÉLAIN	Géographie physique.
	GOURSAT.	Calcul différentiel et Calcul intégral.
	CHATIN	Histologie.
	PELLAT	Physique.
	HALLER	Chimie organique.
	JOANNIS	Chimie (Enseignement P. C. N.).
	JANET.	Physique — —
	WALLERANT	Minéralogie.
	ANDOYER	Astronomie physique.
	PAINLEVÉ	Mathématiques générales.
	HAUG.	Géologie.
	TANNERY.	Calcul différentiel et Calcul intégral.
	RAFFY	Application de l'Analyse à la Géométrie.
	HOUSSAY.	Zoologie.
	H. LE CHATELIER	Chimie.
	Gabriel BERTRAND.	Chimie biologique.
	Mme P. CURIE.	Physique générale.
	CAULLERY	Zoologie (Évolution des êtres organisés).
	C. CHABRIÉ.	Chimie appliquée.
	G. URBAIN	Chimie.
	BOREL.	Théorie des fonctions.
	N.	Zoologie, Anatomie, Physiologie comparées.
Profess.-adjoints.	PUISEUX.	Mécaniuue et Astronomie.
	LEDUC.	Physique.
	MATRUCHOT	Botanique.
	MICHEL	Minéralogie.
	G. PRUVOT.	Anatomie comparée.
Secrétaire	A. GUILLET.	

CONTRIBUTION A L'ÉTUDE PHYTOGÉOGRAPHIQUE

DU

MASSIF ALPIN

Descente des plantes alpines en Valais

C'est en composant sur place les centuries d'un travail d'Exsiccata de la Flore du Valais (1), que m'apparurent certains faits de géographie botanique, auxquels, jusqu'à ce jour, on n'avait peut-être pas accordé toute l'importance qu'ils méritaient et surtout dont on n'avait point encore tiré certaines conclusions, qui, au point de vue des origines de la Flore valaisanne, sont loin d'être dépourvues d'intérêt. Ces faits, qui se rapportent à la descente des plantes alpines en Valais, permettent de prendre position dans le grand débat historique sur l'Odyssée floristique du déclin quaternaire.

Ce sera donc l'étude sommaire des causes principales ayant déterminé la présence exceptionnelle de plantes alpines dans les formations planitiaires du Valais qui formera le sujet que je vais m'efforcer de résumer en ces quelques pages, simple condensation d'un travail plus important qui paraîtra ultérieurement.

Mais avant d'aborder cette étude, je ne saurais oublier les excellents conseils que m'a donnés mon maître, M. Gaston Bonnier, à qui je garde une respectueuse reconnaissance; qu'il

(1) L. Marret. — *Exsiccata de la Flore du Valais et des Alpes lémaniennes.* Lausanne, année 1907 et suivantes, 3 centuries publiées. La reconstitution fidèle de la végétation de ces contrées d'après les « formations végétales » est la base de ce travail entrepris dans un but plus spécialement phytogéographique.

me soit permis également de remercier ici MM. Molliard et Dubard de leur bienveillante sympathie.

Le Valais, surtout dans sa partie centrale, est, au point de vue spécial de l'observation des faits énoncés ci-dessus, un des territoires les plus favorisés du Massif alpin. D'une part, la configuration spéciale et le climat de ce territoire sont particulièrement favorables à la descente des plantes alpines ; de l'autre, le Valais offre cet avantage historique très important d'avoir été complètement dévasté lors de la dernière extension glaciaire ou Période würmienne.

L'énorme développement du glacier du Rhône, durant le maximum d'action de cette Période, exclue en effet toute idée de survivance d'une flore même extrêmement réduite. M. J. Briquet et presque tous les auteurs qui se sont occupés de cette question sont sur ce point très affirmatifs. Quelques chiffres d'ailleurs permettront de se faire une idée de la formidable extension glaciaire würmienne dans cette région.

« Ce dernier (le glacier rhodanien), qui commença dans le cirque formé par le Galenstock, le Thierälplistock et les Gelmershörner dont les altitudes oscillent entre 3181 et 3597 mètres, s'étendit peu à peu dans tout le Valais, recevant des deux côtés de nombreux affluents à mesure qu'il progressait. Il atteignit de la sorte l'étroit portique de Saint-Maurice. Au point maximum de la Période glaciaire il déposait des blocs erratiques sur les pentes de l'Eggishorn à 2700 mètres et sa puissance au Mont Arpille près de Martigny était encore de 2082 mètres. » (A. Favre. *Notice sur la conservation des blocs erratiques et sur les anciens glaciers du revers septentrional des Alpes.* — Archives des Sciences physiques et naturelles, Genève. Tome LVIII 1876).

Ce tableau de l'accroissement du glacier quaternaire rhodanien se rapporte évidemment au maximum d'extension des phénomènes glaciaires, c'est-à-dire à la Période rissienne, toutefois, ainsi que M. Penck l'a clairement exposé :

« Bien que la dernière extension glaciaire (würmienne) restât un peu partout en dedans des limites de l'avant-dernière (rissienne), il n'en résulta pas moins une dépression presqu'aussi grande de la limite des neiges permanentes, celle-ci, durant cette dernière Période, ne s'éleva guère à plus de 100 à 200 mètres au-dessus de celle de la Période rissienne. » A. Penck (**10**) (1).

Admettant même une dépression assez sensible des glaciers à Martigny, la limite des neiges permanentes, évaluée entre 800 et 1000 mètres par M. A. Penck (**10**) durant la Période rissienne et s'étant relevée à 1200 mètres environ, ne permettait pas l'établissement ou le maintien d'une végétation si précaire fût-elle.

Ce premier point historique établi, voyons maintenant quels sont la configuration et les caractères climatiques actuels du Valais.

« Un sillon longitudinal, dit Rion (**11**), large et profond dans la partie culminante des Alpes, de ce gigantesque monument des grandes catastrophes qui ont déterminé le relief actuel du continent européen, voilà le Valais ».

Dominé d'un côté par les parois abruptes du Massif bernois, dont les arêtes ont une élévation moyenne de 3000 mètres, de l'autre par les sommets éternellement glacés de la chaîne pennine que sillonnent un certain nombre de longues et profondes vallées, ce territoire n'a qu'un unique débouché naturel, la cluse de Saint-Maurice, étroit défilé commandé par des sommets qui le dominent de 2.600 mètres, et n'est relié au Piémont que par des cols très élevés ayant une altitude moyenne de 3000 mètres à l'exception des passages du Grand Saint-Bernard (2400 mètres) et du Simplon (2000 mètres).

« Placé au centre de l'Europe, dont il est séparé par la haute barrière qui l'enceint, le Valais ne ressemble que trop à une île à bords escarpés élevée au milieu du monde civilisé » Rion (**11**).

De cette configuration exceptionnelle résulte pour le Valais un climat très spécial, différencié de ceux des régions limi-

(1) Voir l'index bibliographique.

trophes surtout par le régime de ses pluies (1), celles-ci étant espacées et de courte durée, par une absence presque complète de nébulosité (2), enfin par l'action de courants atmosphériques réguliers et souvent violents qui entravent jusqu'à un certain point la végétation arborescente.

Les caractères climatiques que nous venons d'énumérer sont tous de nature steppique et influent d'une façon marquante sur la végétation planitiaire du Valais central. Cette dernière comprend trois formations principales :

La première, celle des steppes valaisannes (dénomination que nous avons établie de préférence à celle usitée jusqu'à ce jour de Formation du *Festuca valesiaca* Schl.), qui sans nul doute, dut être autrefois la dominante, est aujourd'hui de plus en plus refoulée par la culture de la vigne. Cette formation, qui renferme le plus grand nombre des éléments steppiques tels que : *Festuca valesiaca* Schleich., *Koeleria valesiaca* Gaud., *Stipa pennata* L., *S. capillata* L., *Poa bulbosa* L., *P. concinna* Gaud., *Adonis vernalis* L., *Dianthus silvaticus* Hoppe, *Astragalus Onobrychis* L., *Oxytropis pilosa* DC., *Scorzonera austriaca* Willd., *Gagea saxatilis* Koch., *Ephedra helvetica* CA. Mey, etc., et des éléments méridionaux, tels que *Coronilla minima* L., *Trigonella monspeliaca* L., *Echinops sphaerocephalus* L., *Xeranthemum inapertum* L., etc., de la flore valaisanne, s'étend de Gueuroz et des Follaterres, jusqu'au delà de Brigue, occupant, de façon presque continue, tout le versant bernois ainsi que les collines

(1) Rion (11) explique de la sorte cette particularité : « L'air de la plaine échauffé soit par l'action directe des rayons solaires, soit par l'effet de la radiation du sol, ou par la réverbération des parois des montagnes, s'élève en courant vertical, emportant dans son cours les produits de l'évaporation. Arrivé à la hauteur où le froid doit produire une condensation de la vapeur, il se forme de la pluie ou des nuages ; l'air qui les porte se dirige vers les arêtes, s'y décharge d'une partie de son eau, redescend la pente pour reprendre une température plus élevée, remonte de nouveau et continue son mouvement de circulation..... Sur dix fois que des nuages chargés de pluie paraissent à l'horizon, ils suivent au moins neuf fois les deux grandes chaînes de montagnes et laissent le centre à sec. »

(2) En effet la rosée en été et les brouillards en hiver y sont presque inconnus, toutefois la nébulosité se manifeste légèrement en automne.

du centre de la vallée et, en quelques points, le versant nord de la chaîne pennine, ainsi que les vallées latérales qu'elle suit assez haut dans les bonnes expositions.

La deuxième formation, celle des bois de pins silvestres, enrichie, elle aussi, d'éléments nettement xérophiles, possède le curieux *Astragalus exscapus* L., plante steppique à aire disjointe intéressante — Ukraine, Autriche-Hongrie, Thuringe; Valais et Espagne!

Cette formation est établie sur les terrains d'alluvions de la vallée ainsi que sur les collines des environs de Sierre et sur les terrains sablonneux des deux versants.

Enfin la troisième de ces formations fondamentales est celle des marécages rhodaniens et encore cette dernière se trouve-t-elle le plus souvent parsemée d'îlots à végétation xérophile du plus curieux effet!

Pour comprendre l'intérêt spécial qui s'attache à l'étude de la descente des plantes alpines, il faut tout d'abord établir les principales lois naturelles qui régissent dans les deux sens la migration des plantes de la plaine et de la zone alpine.

Dans cet ordre d'idées un fait capital domine toute la question, fait qui peut se formuler comme suit :

Les plantes ont une tendance *normale* à l'extension verticale ascendante, les cas de descente sont, par contre, toujours *exceptionnels*.

De prime abord, si l'on considère les nombreux moyens de transports dont disposent les plantes de la zone alpine pour la migration de leurs graines vers les régions inférieures (vent, eau, avalanches, éboulements, animaux, etc,), alors que les plantes de la plaine n'ont à leur disposition que le transport par le vent et par les animaux, on serait tenté de trouver paradoxale l'essence même de ce principe, et cependant la vérité de cette loi fondamentale ressort aisément d'un examen même superficiel des conditions dans lesquelles s'opèrent ces deux migrations opposées.

En effet sous l'impulsion ascendante des courants atmosphériques, les graines anémochores, c'est-à-dire adaptées au transport par le vent, soit à l'aide d'appareils de vol spéciaux, ou grâce à leur simple légèreté, tendent à s'élever constamment, le plus souvent à une médiocre hauteur, vol le plus régulier et le plus constant. Ces espèces, qui montent ainsi par étapes rencontrent, au fur et à mesure qu'elles atteignent une plus haute altitude, un plus grand nombre de stations ouvertes dans lesquelles la concurrence, devenant de plus en plus faible, n'est pas à même de leur opposer un tout puissant obstacle ; entre temps la plante s'*habitue* de proche en proche et peut s'élever de la sorte jusque dans la zone alpine, où elle arrive pour ainsi dire adaptée.

Il ne faut toutefois pas oublier que toutes les plantes des régions inférieures, que l'on rencontre dans la zone alpine, n'y sont point forcément parvenues depuis la formation de la flore alpine actuelle et qu'un certain nombre d'entre elles se sont maintenues dans cette zone, depuis le repeuplement alpin définitif, en qualité d'ubiquistes arctico-alpins et que leur migration remonte par conséquent et fait corps avec la réimmigration de la flore alpine dans ses domaines actuels à la suite de la dernière extension glaciaire.

Parmi ces dernières, figurent sans aucun doute les espèces ubiquistes planitiaires les plus répandues dans la zone alpine, par exemple : *Caltha palustris* (H), *Parnassia palustris* (H), *Cerastium arvense*, *Solidago Virga-aurea* (H). *Antennaria dioica*, *Achillea millefolium* (H), *Taraxacum officinale* (H), *Vaccinium Vitis-idaea* (H), *myrtillus* et *uliginosum*, *Arctostaphylos Uva-ursi* (H), *Thymus serpyllum*, *Anthoxantum odoratum*, *Deschampsia caespitosa* (H), *Poa annua* (H), *Festuca ovina* (H), *Nardus stricta* (H). Toutes ces espèces sont circumpolaires et se retrouvent au Caucase, sauf le *Caltha palustris ;* dans l'Oural, sauf l'*Achillea millefolium* et le *Festuca ovina ;* dans le Massif altaïen et les régions avoisinantes, sauf les *Cerastium arvense*, *Alchemilla millefolium*, et *Nardus stricta* ; enfin 11 de ces espèces (suivies de la lettre H) végètent également dans l'Himalaya.

Il est évident, qu'entrant ici dans un domaine purement hypothétique, il faut se garder d'exagérer l'importance du facteur historique, certaines de ces espèces, à graines anémochores ou zoochores, peuvent avoir conquis petit à petit leur immense domaine bien après la réimmigration post-glaciaire, ainsi que le fait remarquer M. Chodat (12) ; mais on ne saurait concevoir, par contre, le rejet de cette hypothèse, la flore alpine, telle que nous la concevons, n'ayant jamais dû exister, lors de ses pérégrinations glaciaires ou post-glaciaires, indemne de tout mélange ubiquiste. Les espèces de cette catégorie ont pu d'autant plus facilement se joindre à la flore alpine, que le séjour de cette dernière dans ses territoires de refuge la mettait en contact avec un certain nombre d'espèces planitiaires ayant persisté en ces mêmes stations et parfaitement aptes à se joindre à leurs sœurs alpines dans leur réimmigration post-glaciaire.

Maintenant qu'arrive-t-il lorsque la graine d'une plante alpine atteint les régions inférieures ?

Généralement rapidement entraînée, soit par le vent, l'eau, les avalanches, etc., cette graine traverse avec une rapidité excessive les climats les plus divers et le plus souvent ne peut se développer soit à cause du climat hostile, soit en raison de la concurrence active de la robuste végétation planitiaire.

De la vérification du principe énoncé ci-dessus ressort donc nettement tout l'intérêt qui réside dans la survivance *exceptionnelle* des plantes alpines descendues dans la vallée.

Pour plus de clarté je diviserai celles-ci en deux catégories, la première comprenant les plantes alpines dont le maintien dans les régions inférieures est purement *accidentel*, et la seconde les espèces dont la présence dans ces mêmes régions doit être attribuée à une cause *historique*.

M. Briquet (3) s'exprime comme suit au sujet de ces dernières espèces :

« Les plantes alpines ont parfois laissé, sous forme de colonies, des traces de leur passage dans les voies valléculaires ou sur les sommets d'altitude inférieure à l'habitat normal. Ces colonies erratiques sont communément désignées sous le nom de reliques glaciaires. Elles sont utiles comme confirmation des données historiques tirées de la géologie et de la phytogéographie, à condition que l'on distingue nettement entre les reliques proprement dites et les transports récents. »

M. Briquet cite quelques exemples de ces reliques glaciaires dans les cluses du Jura savoisien, entre Genève et Lyon ; entre autres l'*Erinus alpinus* dans la chaîne de Tullins (190 m. !) ; les *Gentiana angustifolia, Primula auricula, Hypericum nummularium, Carex tenuis, Rhamnus pumila, Arabis alpina*, au défilé du Crossey dans la chaîne du Ratz (500 m.) etc.

Chacune des trois formations planitiaires principales du Valais central, que nous avons énumérées plus haut, renferme un certain nombre de plantes alpines; mais alors que la présence de ces espèces dans les formations des bois de pins silvestres et des marécages rhodaniens revêt un caractère nettement *accidentel*, celle des plantes alpines, comprises dans la formation des steppes valaisannes, peut être considérée à juste raison comme un vestige d'extension planitiaire *historique* ainsi que nous le démontrerons par la suite.

La première de ces deux catégories, que nous examinerons tout d'abord comprend à son tour deux sortes distinctes de plantes alpines descendues *accidentellement* dans les régions inférieures. Ce sont tout d'abord les plantes dites *de glariers* et ens uite les espèces se maintenant en des stations diverses et dont les graines ont été amenées soit par le vent, soit par l'eau, ou encore par les éboulements et les avalanches.

Les plantes dites *de glariers* sont dans le Valais central de beaucoup les plus nombreuses et les mieux fixées des espèces de cette première catégorie. Il est intéressant de constater que ces stations de glariers, qui s'avancent jusqu'au centre de la vallée et si riches en espèces alpines descendues accidentellement se trouvent de préférence sur le versant méridional bernois, le plus ensoleillé et sur lequel précisément le climat valaisan acquiert son maximum d'action steppique. En dehors des conditions physico-chimiques, qui font les rocailles calcaires plus riches que celles des terrains primitifs, il y a là une action particulièrement remarquable du climat steppique, qui, conjointement aux avantages spéciaux de la station, forme un parallèle frappant avec le climat alpin proprement dit.

En effet, les graines amenées par les torrents alpins, échouent dans la plaine dans des stations presque toujours uniformes, c'est-à-dire sablonneuses ou rocailleuses; les cailloux qui recouvrent la surface du sol dans ces glariers, jouent un rôle très important, ils isolent complètement la partie souterraine de la partie aérienne de la plante et, tandis que la première est plongée dans un milieu constamment humide et refroidi (la couche caillouteuse servant ici de réservoir en empêchant l'évaporation des eaux d'infiltration), la partie aérienne profite au contraire de la sécheresse du climat ainsi que de la chaleur et de la lumière des rayons solaires, chaleur et lumière considérablement accentuées par la réverbération de ces mêmes cailloux.

Une des plus belles stations de cette sorte nous est offerte sur les rives de la Lizerne, qui descend du massif des Diablerets et se termine dans le Rhône non loin d'Ardon (près de Sion), formant entre ce village (507 mètres) et le fleuve (480 mètres) de vastes glariers qui s'étendent sur ses deux rives assez loin d'elle et que recouvre, en grande partie, une formation de pins silvestres.

On trouve en masses ici l'*Erica carnea* et le *Polygala chamabuxus*, les *Saxifraga aizoides*, *Coronilla vaginalis*, *Gypsophila repens*, *Campanula pusilla*, *Pyrola uniflora*, et comme sous bois les *Cytisus radiatus*, *alpinus* et le *Daphne alpina*.

Dans une station identique, entre Leytron et le Rhône, de 540 mètres à 460 mètres, on trouve également l'*Astragalus aristatus* et quelques-unes des espèces précédemment citées.

Ces exemples se renouvellent d'ailleurs avec d'autres espèces sur les rives de presque tous les torrents alpins qui aboutissent au Rhône.

En dehors des plantes de glariers proprement dites, la vallée rhodanienne, de Vernayaz à Brigue, est relativement pauvre en espèces alpines de provenance accidentelle et appartenant au second groupe de celles-ci, elles se rencontrent par contre abondantes dans les vallées latérales de 1200 à 1600 mètres. Il est toutefois intéressant de citer deux stations très importantes dans la vallée principale, celles du Trient et des Praz-pourris, près d'Ardon.

Les eaux de la Salante, qui se déversent par une superbe cascade de 65 mètres de hauteur (cascade de Pissevache) et par de nombreux ruisselets, dans la vallée du Rhône ont peuplé la première de ces stations, répartissant les plantes alpines en deux formations principales : les rochers constamment humides hébergent l'*Arabis alpina*, l'*Hutchinsia alpina*, le *Saxifraga cuneifolia*, etc., et les prairies humides se revêtent, au premier printemps, de la délicate parure du *Soldanella alpina*, auxquels succèdent le *Primula farina*.

D'autre part, les eaux dérivées de la Lizerne ont introduit en pleine formation paludéenne, dans les Praz-pourris près d'Ardon (490 mètres), les *Leontopodium alpinum* et *Aster alpinus* qui peuvent, il est vrai, provenir également d'espèces primitivement introduites dans les glariers assez voisins et essemées de là par le vent, après être disparues de leur station primitive.

Il est par ailleurs important de remarquer, que le climat steppique du Valais se montre particulièrement favorable au maintien des plantes alpines, accentuant encore davantage le caractère xérophile de ces dernières.

Ainsi nous observions dans la vallée de Saas près du Bodenbrücke, à 1330 mètres d'altitude, une station du *Gentiana nivalis* descendu de l'Aüsser-Rothorn, sommité qui, à cet endroit, domine la vallée. Les pieds assez nombreux, sur un petit pré sec avec exposition Sud-Ouest, présentaient ce caractère assez uniforme d'être uniflores ou tout au moins pauciflores, à tige courte et a fleurs très réduites, alors que cette même espèce, rencontrée à 2200 mètres dans un pâturage sec et rocailleux avec exposition au Sud, se présentait encore robuste, à tige élevée et très rameuse. Ainsi l'action steppique du climat avait agi ici dans le même sens que l'aurait fait un excès d'altitude.

Examinons maintenant les cas de maintien *historique* des plantes alpines dans leurs stations inférieures. Tout d'abord nous indiquerons sommairement les raisons qui plaident en faveur de cette hypothèse et qui en quelque sorte la confirment; nous exposerons ensuite les conséquences inédites qui résultent de cette constatation au point de vue phytogéographique et historique.

Quelques exemples types, qu'il nous a été donné d'observer en détails, suffiront pour faire comprendre la conception d'une survivance historique de certaines espèces alpines dans les régions inférieures du Valais central. Ces vestiges, en raison du climat steppique de ce territoire, acquièrent une signification historique assez différente de celle des reliques glaciaires, fréquentes sur le versant septentrional du massif alpin, et évoquent clairement l'image d'une étrange confusion de climats qui durent se superposer lors de la résurrection végétale de cette contrée.

Ce sont tout d'abord trois plantes essentiellement alpines : *Primula viscosa* Vill. (= *hirsuta* All.), *Draba aizoides* L. et *Saxifraga exarata* Vill. qui forment un groupe à part et dont la dispersion dans les basses régions semble bien constituer pour chacune d'entre elles un foyer de dispersion secondaire parallèle mais nettement séparé du foyer central alpin.

Ces trois espèces végètent sur les collines entre Vernayaz et Martigny avec une incroyable exubérance et font corps avec la Formation des steppes valaisannes. C'est ainsi que sur un petit plateau de quelques dizaines de mètres carrés (colline de Gueuroz) on trouve, réunies, les espèces suivantes, d'origine et d'habitat fort disparates et qui doivent vraisemblablement s'étonner de se trouver côte à côte.

Festuca valesiaca, Koeleria valesiaca, Stipa pennata, Draba aizoides, Primula viscosa, Saxifraga exarata, Saxifraga bulbifera ! Viscaria vulgaris ! Orchis sambucina, Cotoneaster vulgaris (forme naine et rampante) et quelques maigres touffes de Pirus acerba et de Berberis vulgaris var. alpestris.

Le Dr Christ (18) ce grand connaisseur de la flore suisse, s'arrête lui-même étonné devant cette station exceptionnelle du *Primula viscosa*, entre autres, et s'exprime comme suit à son sujet :

«... et en grande quantité le *Primula hirsuta* (= *viscosa* Vill.) que l'on ne trouve guère ailleurs en si grande abondance et en si beaux exemplaires. »

Toutefois cet auteur ne tire aucune conclusion de ce fait anormal et semble l'attribuer à l'action exclusive du transport par l'eau, or l'examen approfondi de cette station fort étendue démontre péremptoirement que telle n'a pas du être la cause initiale de la présence de la plante en cette station.

Tout d'abord cette espèce possède son maximum représentatif, en quelque sorte son centre d'extension planitiaire à une hauteur moyenne de 500 mètres et seulement sur la droite du Trient, c'est-à-dire dans la partie exclusivement steppique de son aire de dispersion secondaire. Cette plante y croit même en telle abondance qu'on la rencontre sous les quelques taillis de ronces, d'épine-vinette et de rosiers qui croissent dans les dépressions, sur les murs de soutènement du sentier et même sur la terre tassée de ce dernier, sa station préférée étant toutefois le rocher recouvert d'une mince couche de terre végétale, station par excellence de la formation des steppes valaisannes.

Or il n'est peut-être pas inutile de faire remarquer que les graines du *Primula viscosa* ne disposent d'aucun des moyens de transport qui pourraient rendre vraisemblable l'hypothèse d'une migration récente.

Ce *Primula* descend jusqu'au niveau de la vallée à 460 mètres environ ! d'autre part il monte jusqu'à près de 800 mètres mais alors en stations espacées et bien exposées, en exemplaires toujours moins abondants mais présentant toujours les mêmes caractères morphologiques, il disparaît ensuite complètement dans la zone des forêts de conifères et ne se retrouve que beaucoup plus loin et sur un autre versant dans la zone alpine proprement dite.

L'examen morphologique comparé des pieds de cette même plante, pris dans ses deux centres d'extension planitiaire et alpin, révéle nettement des différences marquantes, qui se retrouvent également entre les premiers pieds et ceux descendus *accidentellement* dans la vallée de Saas, jusqu'à une altitude inférieure de 800 mètres et dans une exposition et des conditions climatiques sensiblement égales.

Ces différences sont les suivantes :

La plante de Gueuroz est sensiblement plus vigoureuse, ses feuilles sont plus grandes, plus épaisses, et surtout plus visqueuses, sa tige florifère est plus trapue, souvent subacaule, quelquefois presque acaule, caractère qui se retrouve également sur les pieds de la zone nivale, mais alors que ceux-ci n'ont souvent qu'une et au plus quatre fleurs d'une grandeur et d'un coloris médiocres, les ombelles de la plante de Gueuroz sont d'une beauté surprenante, comportant de six à dix fleurs, les fleurs étant elles-mêmes plus grandes et d'un coloris la plupart du temps beaucoup plus accentué.

Cette plante se présente identique dans ses abondantes stations hébergées dans les parois de protogine du Tessin méridional jusqu'à l'altitude du lac Majeur (272 m.!) (*Communication verbale de M. Beauverd, Conservateur de l'Herbier Boissier à Genève*).

Les pieds recueillis dans la vallée de Saas à 800 mètres ont au contraire le caractère alpin nettement accusé, c'est-à-dire ombelles pauciflores, tiges *minces*, élancées ou subacaules, feuilles normales.

Le *Draba aizoides*, bien qu'un peu moins répandu, présente une grande analogie de caractères et d'origine avec le *Primula*, son aire de dispersion se maintient entre 5 à 600 mètres. Il forme par places des touffes d'un effet si remarquable qu'on peut distinguer de fort loin les superbes inflorescences de cette espèce.

Les caractères distinctifs sont à peu près les mêmes que ceux du *Primula viscosa* : feuilles plus longues, plus épaisses, tige

« trapue », inflorescence très fournie, arrondie, fleurs plus grandes que dans le type alpin et d'un coloris jaune orangé foncé.

M. Beauverd nous écrit à ce sujet « Analogie frappante avec les stations du pied du Petit Salève, ou des rochers du Coin (Grand Salève 500-650 mètres d'altitude, et plus encore à la Cluse de l'Arve sur Magland 500 mètres (reliques glaciaires). »

Il y a lieu d'adjoindre, comme nous l'avons déjà dit, à ces deux premières espèces, une troisième, également très abondante à Gueuroz, mais fleurissant plus tard, le *Saxifraga exarata*, dont M. Christ parle comme d'une forme spéciale (f. *leucantha* Fauconnet) non mentionnée d'ailleurs dans les recueils floristiques parus postérieurement, mais qui, en réalité, accentue seulement la tendance marquée de l'espèce à se rapprocher par des caractères différentiels de l'évolution subie par les deux espèces précédemment citées.

Cette forme n'est point encore définitivement fixée, de nombreux intermédiaires s'y retrouvent, mais presque tous appartiennent au type franchement nival et trapu. Elle se présente en gazons peu serrés, à tiges le plus souvent pauciflores, fréquemment uniflores, très rarement élancées, presque toujours courtes et trapues, excessivement glanduleuses, les fleurs sont grandes et d'un blanc laiteux très accentué dans la grande majorité des cas.

Cette espèce se retrouve également à la même altitude (500 à 600 mètres), aux Follaterres sur Branson, non seulement de l'autre côté du Rhône, mais encore au delà du coude marqué que fait en cet endroit la grande vallée rhodanienne, elle s'y trouve de même en pleine formation steppique.

Un fait d'importance capitale, et qui vient à l'appui des considérations ci-dessus exposées, est la présence près de Genève, des *Draba aizoides* et *Saxifraga exarata* sur le petit Salève, vers 500 mètres d'altitude, ces deux espèces y végètent abondamment et sous le même aspect qu'elles revêtent à Gueuroz.

En cette curieuse station, le maintien historique de ces plantes ne fait plus de doute, le petit Salève étant une montagne peu élevée (898 mètres), formant avec sa voisine le grand Salève (1304 mètres), un massif tout à fait isolé. Cette même station constitue donc bien avec ses voisines du Grand Salève et des

Cluses du Jura savoisien, des vestiges de l'aire primitive planitiaire de ces deux espèces, qui devait englober également la station fort étendue de Gueuroz. Ces stations étaient toutes situées à la même altitude moyenne (500 à 600 mètres).

A ce premier groupe, il convient d'ajouter une subdivision comprenant également trois plantes types, qui se différencient des précédentes par leur extrême diffusion dans toutes les formations steppiques valaisannes. Ce sont *Sempervivum arachnoideum Saxifraga aizoon*, et *Globularia cordifolia*.

Seule la première de ces espèces semble légitimer la création d'une petite sous-espèce le *Sempervivum tomentosum* Schnittsp.

Un second groupe, ne comprenant, à ma connaissance, qu'une seule espèce (?) l'*Oxytropis Halleri* se différencie du précédent, en ce sens qu'au lieu de posséder en Valais deux centres d'extension bien distincts, l'un planitiaire, l'autre alpin, cette espèce n'en a qu'un planitiaire, d'où elle s'est ensuite répandue dans la zone alpine, ses stations dans cette dernière n'étant en quelque sorte que les terminus actuels d'une migration provenant des régions inférieures. L'*Oxytropis Halleri* adopte d'ailleurs en Valais une protection xérophile toute spéciale (var. *velutina* Sieb.) qu'il conserve dans ses stations intermédiaires et alpines.

Cette espèce fait partie de la formation des steppes valaisannes, depuis les Follaterres jusqu'à Brigue (Simplon). Il est à remarquer que cette plante, qui végète en de nombreuses stations dans les régions steppiques planitiaires du versant bernois, manque absolument, sauf en une seule station (Mont-Fully), à l'ensemble de la chaîne bernoise. Dans les Alpes Pennines orientales où cette espèce est assez répandue, elle s'élève relativement peu et ne pénètre franchement dans la zone alpine, qu'en des stations à caractère steppique accentué.

Il convient peut-être de citer ici, à l'appui de l'hypothèse émise en ce qui concerne l'unique centre de dispersion planitiaire de l'espèce (?) ou des espèces (?) composant ce second groupe, l'exemple type de l'*Astragalus exscapus*, plante essentiellement planitiaire ou bas-montagneuse, nettement steppique de même que l'*Oxytropis Halleri* et ayant bien certainement la même origine historique que cette dernière espèce. Or l'*Astragalus exscapus* est en voie de se conquérir un domaine alpin toujours plus étendu, il atteint déjà l'altitude de 2.000 mètres dans les vallées pennines orientales, et on l'a trouvé à près de 3.000 mètres, sur les moraines du glacier de Fée (*Communication verbale de M. Beauverd*).

Nous avons omis dans cette énumération certaines espèces, dont l'origine historique planitiaire nous a semblé douteuse, et bien probablement certaines autres que nous n'avons pas été à même d'observer.

Quelqu'incomplètes que soient ces constatations, elles nous ont amené, ainsi que nous l'avons déjà dit, à prendre parti dans le débat phytogéographique et historique concernant la réimmigration post-glaciaire de la flore dans le massif alpin, et plus particulièrement dans le Valais proprement dit, et en conséquence sur le mode d'action de la très importante période steppique de Nehring (**8** et **9**), que MM. Kerner (**6** et **7**) et Briquet (**1**, **2**, **3**), ont successivement dénommée « aquilonaire » et « xérothermique ». Période à étés chauds et secs, et à hivers rigoureux qui, selon les promoteurs de cette conception, survint immédiatement après la dernière période glaciaire dite würmienne.

« Durant cette période, nous dit M. Kerner (**6**), régnait dans « les Alpes orientales, des conditions climatiques semblables à « celles que l'on observe actuellement dans les environs de la « Mer Noire...... Cette période vit la flore alpine refoulée sur « les plus hauts sommets...., les forêts de conifères ne formant « plus qu'une étroite ceinture au-dessous de la zone alpine ».

Selon M. Briquet (**2**) « la période xérothermique a été caractérisée par un climat sec et chaud en été, et de plus en plus « froid en hiver, au fur et à mesure qu'il s'agissait de régions « plus septentrionales ».

Cette période steppique, dont l'existence aujourd'hui n'est plus mise en doute et dont l'influence se fit puissamment sentir lors du repeuplement végétal du massif alpin, eut-elle une unité d'action nettement postglaciaire, comme l'avaient tout d'abord exprimé MM. Kerner et Briquet et comme ce dernier auteur le maintient encore actuellement (Briquet 3) et se termina-t-elle en conséquence par une altération progressive et lente de son climat steppique, pour finalement aboutir à la période silvatique?

Ou au contraire cette période eut-elle une pluralité d'action, agit-elle, en d'autres termes, par phases parallèles au développement des phénomènes glaciaires eux-mêmes, qui, comme on le sait, formèrent un système de périodes froides, aujourd'hui positivement établi, grâce à la découverte des profils interglaciaires?

Nous répondrons négativement à la première de ces deux questions et nous allons nous efforcer de démontrer, comment la solution affirmative de la seconde cadre bien avec un ensemble de faits réels, parmi lesquels la constatation d'espèces alpines, d'origine planitiaire historique, se présente comme tout particulièrement caractéristique en ce qui concerne le Valais.

Le principe de la pluralité d'action de la période steppique repose principalement sur l'identification du climat, ainsi que de la faune et de la flore des pauses interglaciaires et de la période steppique selon la conception de MM. Kerner et Briquet.

Sur ce point ce dernier auteur, tout en niant ou en réduisant singulièrement l'importance de la pause risso-würmienne sur la composition actuelle de la flore du massif alpin, fait remarquer que le climat de cette dernière pause, peut-être un peu plus chaud, si l'on s'en rapporte à la présence du *Rhododendron ponticum* dans les brèches d'Hötting et d'Iseo, devait être assez semblable à notre climat actuel, car la découverte des tufs interglaciaires d'Entraigues, par exemple, nous montre une flore arborescente qui y existe encore de nos jours (Briquet 3).

Donc selon M. Briquet deux climats très différents, l'un tempéré (pause interglaciaire risso-würmienne), l'autre steppique (période xérothermique post-glaciaire).

Mais la différence si importante, qui résulte de ces constatations climatiques, constatations reposant toutes sur des faits phytopaléontologiques, n'est que fictive, le climat de la dernière pause interglaciaire dite risso-würmienne, ayant dû, en effet, selon M. Brückner (4), se partager en deux phases principales qui représentent d'une manière frappante la superposition des deux climats dont parle M. Briquet.

« Un climat océanique, humide et chaud, régnait durant la « première phase, le territoire helvétique était recouvert d'une « riche végétation forestière, dont les restes nous ont été conser- « vés par exemple dans les lignites interglaciaires de Dürnten... « Durant la deuxième phase, ce climat se transforma en un cli- « mat sec et continental, visiblement un peu plus froid, cette « phase se présente comme une période steppique. C'est durant « cette dernière phase que se produisirent les dépôts de lœss « dans une grande partie du nord de la Suisse et de la dépres- « sion du Rhin ».

De la comparaison que nous venons d'établir très sommairement et sur laquelle nous reviendrons longuement dans un travail ultérieur, il ressort donc une grande similitude entre les conditions climatiques présumées de la période steppique proprement dite et celles de la deuxième phase de la pause risso-würmienne, similitude qui tend à démontrer que ces deux périodes, considérées, jusqu'à ce jour, par de nombreux auteurs comme nettement distinctes, font bien partie, en réalité, d'un même ensemble, que nous appellerons le « système steppique », en opposition avec le « système glaciaire » proprement dit, avec lequel d'ailleurs il dut alterner régulièrement, les contrastes s'atténuant en périodes de transition.

Si l'action du début de ce système steppique, assimilable aux pauses interglaciaires, fut probablement très restreinte dans le massif alpin, au point de vue direct de la distribution actuelle des flores, par contre, cette action dut se manifester surtout indirectement par l'enrichissement des massifs dits de « refuge », permettant ainsi une prompte réimmigration des éléments refoulés.

Ces massifs de refuge ont en effet joué dans l'histoire floristique du Valais un tout premier rôle ; non seulement ils ont pu servir de refuge aux espèces tertiaires alpines, ainsi qu'aux espèces étrangères provenant du territoire de mélange arctico-alpin, mais encore ils ont dû héberger, durant les périodes glaciaires, les débris d'espèces les plus diverses, survenues dans les Alpes à la faveur des pauses interglaciaires, soit steppiques, soit de transition.

L'intensité de ces périodes steppiques dut être sensiblement plus forte en leurs débuts (pauses interglaciaires), pour diminuer lors des dernières phases (post-würmiennes) permettant une immigration de moins en moins importante, dont les derniers débris ont survécu jusqu'à nous.

Ce sont bien les actions superposées de ces phases alternatives, qui ont provoqué cette diversité que remarque M. Briquet (2) dans les lisières et colonies xérothermiques des Alpes lémaniennes, et qui d'ailleurs se retrouve dans d'autres territoires.

Si, en ce qui concerne le Valais proprement dit, l'action dévastatrice de la période würmienne anéantit tout vestige de l'influence des périodes steppiques précédentes, par contre, chacune des phases steppiques, postérieures au maximum d'extension glaciaire würmienne, dut laisser des traces persistantes, traces que le climat local spécial et très favorable sut protéger contre les retours du froid et de l'humidité.

Ces derniers, alternant avec les pauses steppiques, fermaient absolument les passages reliant le Valais aux Alpes Graies, passages dont le moins élevé, le Simplon, est encore à une altitude de 2000 mètres.

Les espèces steppiques, alors menacées de destruction totale, se mêlaient aux éléments alpins prédominants comme on le constate encore maintenant par les cas de maintien historique de plantes steppiques planitaires dans la zone alpine du Valais. Nous citerons la présence des *Festuca valesiaca*, *Plantago serpentina*, *Dianthus vagitanus*, etc., près de Findelen, de 2000 à 2200 mètres d'altitude, présence qui doit, sans nul doute, remonter à une des dernières, sinon la dernière phase glaciaire post-würmienne.

Au contraire, lors des pauses steppiques, les plantes alpines menacées à leur tour, se mêlaient étroitement aux groupements de la flore thermophile, comme les cas de maintien historique que nous avons signalés dans la formation planitaire des steppes valaisannes le démontrent péremptoirement

Beaucoup d'espèces disparaissaient toutefois à chacune de ces variations climatiques de longue durée ; mais à chacune de ces pauses steppiques moins intenses, suivies de refroidissements moins accentués, correspondait une augmentation dans la diversité et la richesse de la flore thermophilo-alpine valaisanne. Puis les espèces thermophiles, tout d'abord en majorité même dans l'élément alpin, où elles sont encore largement représentées, durent subir une concurrence de plus en plus active de la part des espèces mésophiles, durant les dernières phases steppiques à climat moins prononcé. La diminution en sécheresssе et en chaleur estivales, de ces dernières phases steppiques préserva ces espèces mésophiles de la destruction et leur permit, durant les périodes de refroidissement et d'humidité consécutives, de se conquérir une place toujours plus importante principalement dans le domaine alpin, alors que l'élément steppique s'y trouvait en régression.

C'est ainsi que dut se constituer progressivement la flore actuelle et si typique du Valais, la période actuelle ne permettant plus l'immigration d'éléments méridionaux que par les transports à grande distance, soit par le vent, soit par les animaux et l'homme (plantes adventices en ce dernier cas), et sur une échelle beaucoup plus restreinte que ne l'admettent MM. Vogler, Chodat et Pampanini.

Si partant de ces données, nous examinons les deux groupes de plantes alpines à maintien historique planitaire, il nous est possible de faire remonter l'origine planitaire de ces espèces, à une ou plusieurs phases steppiques du déclin würmien, ce qui s'expliquerait aisément de la façon suivante :

Les espèces du premier groupe (les *Primula viscosa*, *Draba aizoïdes*, *Saxifraga exarata*, *Sempervivum arachnoideum*, *Saxifraga aizoon* et *Globularia cordifolia*), descendues à la suite d'une période de refroidissement, se seraient maintenues dans leurs stations durant la période steppique consécutive tandis qu'un contingent d'individus de ces mêmes espèces aurait réimmigré vers la zone alpine, alors rehaussée d'environ 300 mètres sur ses limites actuelles (en prenant la moyenne des dernières phases steppiques). Ce qui éclaire d'une façon convaincante cette dualité d'extension, qui s'accomplit encore actuellement de bas en haut pour le centre planitaire, et de haut en bas pour le centre alpin, sans que, dans ces deux migrations opposées, les pieds d'origine différente de ces deux foyers se soient encore rencontrés, ni mélangés.

L'*Oxytropis Halleri*, type du second groupe, ayant suivi le même mouvement descendant lors d'une extension glaciaire plus importante et par conséquent plus ancienne, aurait vu par contre son centre alpin disparaître lors de la phase steppique suivante ; cette espèce n'ayant recommencé sa migration dans la zone alpine en Valais, que sur la fin du déclin würmien, alors que les contrastes climatiques allaient en s'amoindrissant et pour la poursuivre encore de nos jours.

Il est en effet parfaitement admissible, que cette espèce mieux adaptée au climat steppique, ait suivi de préférence le mouvement de fluctuation de la végétation xérophile, durant les périodes troublées du déclin würmien, après avoir complètement abandonné les formations réellement alpines.

En terminant, nous tenons à faire remarquer que si ces quelques observations puisées au sein de la nature, présentent de nombreuses imperfections, des lacunes ou des erreurs, elles nous permettent toutefois de conclure à l'intérêt considérable qui s'attache au point de vue phytogéographique à la recherche et à l'étude attentive de ces cas de maintien historique, tant des plantes alpines dans les formations planitiaires, que des espèces planitiaires dans la zone alpine, à condition comme le précise M. Briquet, « que l'on distingue nettement entre les reliques proprement dites et les transports récents ».

INDEX BIBLIOGRAPHIQUE

(1). — BRIQUET. — Recherches sur la Flore du District savoisien et du district jurassique franco-suisse(*Engler's botanische Jahrbücher für Systematik*, etc., tome XIII, 1890).

(2). — — Les colonies végétales xérothermiques des Alpes lémaniennes. Contribution à l'histoire de la période xérothermique (*Bull. de la Société Murithienne*, Fascicules XXVII et XXVIII, années 1898-1899, Sion, 1900).

(3). — — Le développement des flores dans les Alpes occidentales, avec aperçu sur les Alpes en général (*Résultats scientif. du Congrès int. de Botanique*, Vienne, 1905, Fischer Iéna, 1906).

(4). — BRUCKNER. — In *Naturwissenschaft. Wochenschrift*, N. F., Band IV, n° 52, 1905.

(5). — CHRIST. — *La Flore de la Suisse et ses origines*, 1883.

(6). — KERNER. — Die natürlichen Floren in Gelände der deutschen Alpen, 1870.

(7). — — Studien über die Flora der Diluvialzeit in den östlichen Alpen (*Sitzungsbericht der k. Akademie der Wissensch. in Wien : Mathem. naturw. Klasse*, Bd. XCVII, Abt. I).

(8). — NEHRING. — Uber Tundren und Steppen der Yetzt- und Vorzeit mit besonderer Berücksichtigung ihrer Fauna, 1890.

(9). — — Fossile Kameele in Rumänien und die pleistocäne Steppenzeit Mitteleuropas. Globus, Bd. LXXIX.

(10). — Penck. — Die Entwicklung Europas seit der Tertiärzeit (*Résultats scientif. du Congrès int. de Botanique*, Vienne, 1905, Fischer Iéna, 1906).

(11). — Rion. — Guide du botaniste en Valais, 1872.

(12). — Chodat. — Remarques de géographie botanique (*Session extraordinaire en Suisse*), 1894, *Bulletin de la Société Botanique de France*. Tome 41, 1894.

PROPOSITIONS DONNÉES PAR LA FACULTÉ :

1° Action du Climat Alpin sur l'Anatomie des Plantes supérieures.

2° L'Aleurone.

VU ET APPROUVÉ :

Paris, le 10 Novembre 1909.

Le Doyen de la Faculté des Sciences,

PAUL APPELL.

Le Mans. — Imprimerie Monnoyer

www.ingramcontent.com/pod-product-compliance
Ingram Content Group UK Ltd.
Pitfield, Milton Keynes, MK11 3LW, UK
UKHW020525230726
13925UKWH00005B/2234

9 782013 365253